国家测震台网缩微胶片扫描技术规程 2021

模拟地震资料抢救项目办公室　著

地 震 出 版 社

国家测震台网缩微胶片扫描技术规程2021

模拟地震资料抢救项目办公室　著

地 震 出 版 社

图书在版编目（CIP）数据

国家测震台网缩微胶片扫描技术规程：2021/模拟地震资料抢救项目办公室著.

—北京：地震出版社，2021. 3

ISBN 978-7-5028-5310-5

Ⅰ.①国… Ⅱ.①模… Ⅲ.①地震观测—缩微胶片—电子扫描—技术规范—中国—2021

Ⅳ.①P315.63 ②TN27-65

中国版本图书馆 CIP 数据核字（2021）第 060212 号

地震版 XM4797/P（6048）

国家测震台网缩微胶片扫描技术规程2021

模拟地震资料抢救项目办公室 著

责任编辑：王 伟

责任校对：凌 樱

出版发行：地 震 出 版 社

北京市海淀区民族大学南路 9 号　　邮编：100081

销售中心：68423031 68467991　　传真：68467991

总 编 办：68462709 68423029　　传真：68455221

编辑二部（原专业部）：68721991

http://seismologicalpress.com

E-mail：68721991@sina.com

经销：全国各地新华书店

印刷：河北文盛印刷有限公司

版（印）次：2021 年 3 月第一版 2021 年 3 月第一次印刷

开本：880×1230 1/16

字数：16 千字

印张：0.5

书号：ISBN 978-7-5028-5310-5

定价：10.00 元

国家测震台网缩微胶片扫描技术规程2021

编 委 会

目　录

1　总则 …… 1

2　资料抢救范围 …… 1

2.1　信息采集 …… 1
2.2　缩微胶片 …… 1

3　扫描设备与分辨率要求 …… 1

3.1　扫描设备 …… 1
3.2　扫描分辨率要求 …… 1

4　文件命名与信息采集 …… 1

4.1　文件命名 …… 1
4.2　扫描图像存储格式 …… 1
4.3　胶片信息录入 …… 2

5　存储介质与要求 …… 2

5.1　存储介质 …… 2
5.2　备份冗余 …… 2
5.3　目录要求 …… 2

6　实施过程 …… 2

6.1　缩微胶片检查 …… 2
6.2　缩微胶片档案扫描 …… 2
6.3　缩微胶片的整理 …… 3
6.4　图像存储与建库 …… 3
6.5　数据验收 …… 3

1 总则

为统一规范地震资料抢救工作，参照《模拟地震资料抢救工作经验》与《模拟测震资料抢救试点技术规程》（试行）要求，制定本规程。

本规程仅适用于模拟测震观测图缩微胶片的资料抢救工作。

本规程制定主要参考依据：

DA/T 43—2009　缩微胶片数字化技术规范

GB/T 18894—2002　电子文件归档与管理规范

GB/T 18894—2016　电子文件归档与电子档案管理规范

模拟测震图纸电子化扫描技术规程（2020）

2 资料抢救范围

2.1 信息采集

台站基础信息与观测仪器信息采用《模拟测震资料抢救试点技术规程》（试行）中采集的信息。

2.2 缩微胶片

模拟测震观测图纸缩微胶片。

3 扫描设备与分辨率要求

3.1 扫描设备

3.1.1 仪器类型

胶片扫描仪。

3.1.2 扫描设备参数要求

光源：LED

色彩：支持黑白和彩色扫描（色深≥24 位）

光学分辨率：≥2400 dpi

3.2 扫描分辨率要求

扫描分辨率：≥2400 dpi

4 文件命名与信息采集

4.1 文件命名

台站代码_仪器类型_开始时间（精确到分钟）_结束时间（精确到分钟）_记录类型（如：0——图章，1——熏烟记录，2——笔绘记录，3——相纸记录，4——胶片），半角下划线。示例：CD2_DD-1_198101150808_198101160709_4. png。

4.2 扫描图像存储格式

胶片扫描生成的图像文件以亮度中等、对比度中等、PNG-24 格式进行存储。扫描后的图像清晰、完整，档案内容信息与档案原件一致为准。

4.3 胶片信息录入

台站代码（附录编码来源描述）、仪器型号、图纸记录开始时间（精确到分）、图纸记录结束时间（精确到分）、钟差、放大倍数等信息。

5 存储介质与要求

5.1 存储介质

光盘、移动硬盘。

5.2 备份冗余

独立保留3份副本。

5.3 目录要求

省/台站/观测年份/月份，示例：BJ/BJI/1981/01。

6 实施过程

缩微胶片扫描的基本环节主要包括：缩微胶片检查、缩微胶片档案扫描、图像处理、缩微胶片档案整理、图像存储与建库、数据验收。

6.1 缩微胶片检查

在扫描之前，对缩微胶片进行检查，应满足下列要求：

a）缩微胶片物理形态无卷曲、变形、脆裂、粘连、乳剂层脱落等情况；

b）缩微胶片无可见性微斑、变色、生霉等情况；

c）无影响缩微胶片影像可读性的其他情况。

如不满足上述要求，可先对缩微胶片进行处理，必要时调用档案原件进行扫描，以确保数字化质量。

6.2 缩微胶片档案扫描

6.2.1 扫描方式选择

根据缩微胶片扫描设备的型号和图像质量，选择自动扫描和手动扫描。

当使用的缩微影像扫描器具有自动扫描功能时，且在一张缩微胶片里影像的密度、解像力、幅面尺寸基本一致时，可选择自动扫描方式。

当使用的缩微影像扫描器不具有自动扫描功能时，或在一张缩微胶片里影像的密度、解像力、幅面尺寸不一致时，在扫描过程中需要对对比度、曝光亮度、画幅大小进行调整，应选择手动扫描方式。

6.2.2 对比度和亮度选择

在扫描过程中，对比度和亮度默认为0，可根据缩微胶片影像的背景灰度、密度、解像力进行调整和设定，以最大程度获取影像信息为宜。

6.2.3 色彩模式选择

为了较好地保存波形变化过程中的灰度变化信息，本规程推荐采用16位灰度模式扫描。

6.2.4 分辨率选择

a）分辨率的选择以扫描后的图像清晰、完整、不影响利用效果为准；

b）扫描分辨率应不低于 2400 dpi。

6.2.5 扫描图像质量

a）扫描结果应是图像正面；

b）应尽可能保证图像不发生倾斜，如无法避免，应保证倾斜角度不大于 10°；

c）应尽可能保证图像没有变形、水平线没有弯曲现象；

d）清晰还原胶片内容。

6.3 缩微胶片档案整理

扫描工作完成后，再次整理缩微胶片，应保持原排列顺序不变，做到齐全、准确、无遗漏。

6.4 图像存储与建库

6.4.1 命名和存储管理

按照本技术规程第 4 章和第 5 章的要求对扫描的图像文件进行命名和存储管理。

6.4.2 质量检查

采用人工校对或软件自动校对的方式，对目录数据的质量进行检查。检查录入项目是否完整，内容是否规范、准确，对不符合要求的数据进行修改。

6.4.3 目录格式

应选择通用的数据格式，所选定的数据格式应能通过 XML 文档进行数据交换。

6.5 数据验收

6.5.1 数据抽检

a）以抽检方式检查目录数据、图像数据的质量；

b）一个批次数据抽检的比率不得低于 5%。

6.5.2 验收指标

a）目录数据、图像数据有不完整、不清晰等质量问题时（胶片本身清晰度有问题除外），抽检标记为“不合格”，不合格的应予以改正；

b）一个批次数据质量抽检的合格率达到 98%以上（含 98%）时，验收予以“通过”。

6.5.3 合格率计算方法

统计抽检标记为“不合格”的文件数。

抽检合格的文件数＝抽检文件总数－抽检不合格的文件数

合格率＝抽检合格的文件数/抽检文件总数×100%

责任编辑：王　伟
责任校对：凌　樱

定价：10. 00元